360 Grad Verlag GmbH
Eichenweg 21a · D-69198 Schriesheim
www.360grad-verlag.de
Das Buch erschien zuerst 2019 in englischer Sprache mit dem Titel „The Big Beyond" in Großbritannien bei Caterpillar Books, einem Imprint der Little Tiger Group, London. www.littletiger.co.uk

Aus dem Englischen von E. M. Hofmann
 • ISBN 978-3-96185-016-7
Gedruckt in China • CPB/1400/0971/1018
10 9 8 7 6 5 4 3 2 1

DAS GROSSE WELTALL

DIE GESCHICHTE DER RAUMFAHRT

James Carter

Illustrationen von Aaron Cushley

Schau nur, das ist eine Rakete.

Gleich fliegt sie in den Himmel.

Der Countdown beginnt ...

Komm, wir zählen:

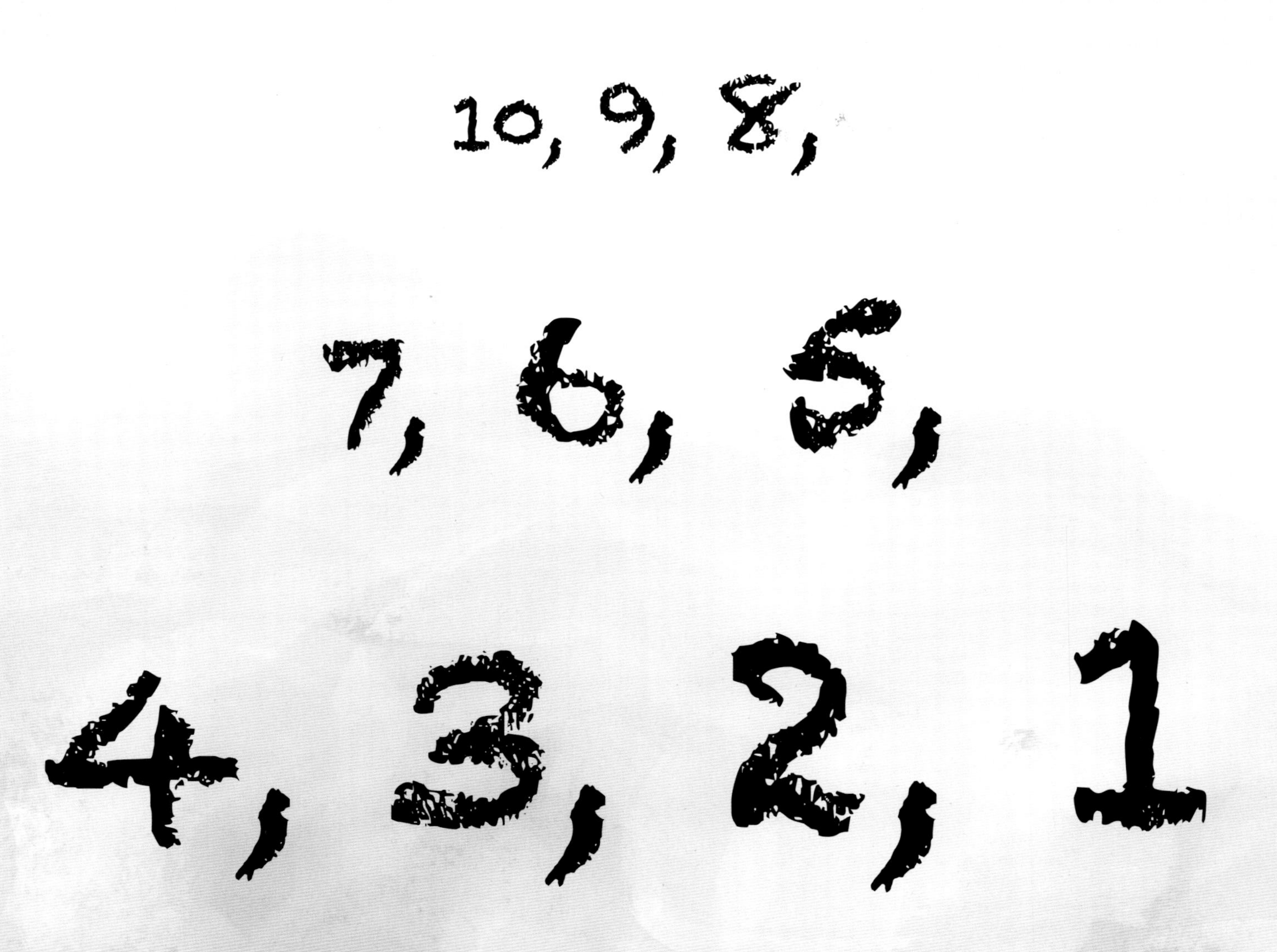

Raumfähre
CHALLENGER
1986
UNITED STATES

Wenn die Menschen früher den Himmel beobachteten, dann haben sie sich schon mal Flügel gewünscht.

Es gab so viele Fragen und so wenig Antworten ...

Wie groß ist das Weltall?

Wie weit sind die Sterne weg?

Gibt es auf dem Mars ein Leben wie bei uns?

Manchmal schauen wir in die Sterne und staunen.
Wir denken uns Linien zwischen den Sternen ...

... und dann werden daraus Figuren der Nacht.
Die Sternbilder bewegen sich wie der Mond
am Himmel:

Überall und immer gibt es
etwas zu entdecken!

Mit Teleskopen
haben Forscher schon vor
Hunderten von Jahren
Entdeckungen gemacht.

Planeten und Monde
und Kometen und Sterne
und die Milchstraße.

Galileo Galilei, ein Forscher aus Italien, fand den Beweis dafür, dass die Planeten um die Sonne kreisen und nicht die Erde der Mittelpunkt des Sonnensystems ist.

GALILEO
GALILEI

Schon immer wollten die

Menschen fliegen.

Das haben sie geschafft ...

mit **Drachen**

und **Ballons,**

mit Gleitschirmen

und Flugzeugen.

Und 1957 flog dann

der erste künstliche

Satellit mit einer Rakete

ins **Weltall**.

Damit

begann …

DAS ZEITALTER DER RAUMFAHRT!

SPUTNIK

IMMER WEITER! 92 Tage lang umrundete Sputnik 1 die Erde.

Auch

Hunde

und Katzen

flogen ins Weltall.

FELIX

IMMER BESSER!

Nach den Tieren folgten bald die Kosmonauten und Astronauten.

Und dann flogen im Sommer 1969
die ersten Astronauten zum Mond ...

... und **landeten** auf ihm!
Das war **unglaublich**.

Viele Millionen Menschen auf der ganzen Welt
schauten sich das gespannt
im Fernsehen an.

Aber das war noch nicht alles! Zwei Männer stiegen aus und setzten ihre **Füße** auf den **Mond**.

In dieser fremden und völlig neuen Welt
hinterließen sie eine **Flagge**
und **Fußabdrücke**.

Seit damals sind Menschen
ganz oft im Weltraum gewesen.
Sie sind da oben „spazieren" gegangen
und haben viel Neues entdeckt.

Raumschiffe fliegen
zu den Planeten
und schicken Informationen
zur Erde.

Raumsonden flogen zum „Nachbarn",
dem Mars, sammelten dort
Steine und machten
Bilder und Experimente.

Vielleicht landen ja dort
auch mal Raumschiffe
und wir finden Lebewesen –
wer weiß, was noch passiert ...

Internationale
Raumstation

Neue **Raketen** werden ins Weltall fliegen.
Die Raumfahrt geht weiter. Bist **du** dabei?

Neue **Weltraumfahrer** werden gebraucht,

was denkst du, bist du dabei?

Kannst du dir das vorstellen?

Und hier noch mehr spannendes Wissen ...

Raketen wurden schon im 13. Jahrhundert in China erfunden, nachdem man dort das Schießpulver entwickelt hatte.

Anfangs wurden Raketen für Feuerwerk und als Waffen genutzt. Seit den 1950er Jahren gibt es Raketen auch als Raumfahrzeuge.

Kosmonaut Juri Gagarin war der erste Mensch, der ins Weltall flog, das war 1961 mit der sowjetischen Rakete Wostok 1.

Errätst du, wie viele Menschen bisher ins Weltall geflogen sind? Es sind mehr als 500! Und davon haben mehr als 200 eine Internationale Raumstation besucht.

Tiere wurden zuerst ins All geschickt, weil die Menschen erst mal wissen wollten, wie gefährlich ein Raumflug ist. Zu den bekanntesten zählt die Hündin Laika, die 1957 mit dem Sputnik 2 ins Weltall geschossen wurde.

Edwin, genannt „Buzz" Aldrin und Neil Armstrong waren 1969 die ersten Menschen auf dem Mond. Armstrong hat damals den berühmten Satz gesagt: „Das ist ein kleiner Schritt für einen Menschen, aber ein großer Sprung für die Menschheit."

Nun werden wohl auch bald die ersten Touristen ins All reisen. Fangt schon mal an zu sparen, ihr Sternengucker – denn die Kosten dafür sind astronomisch!

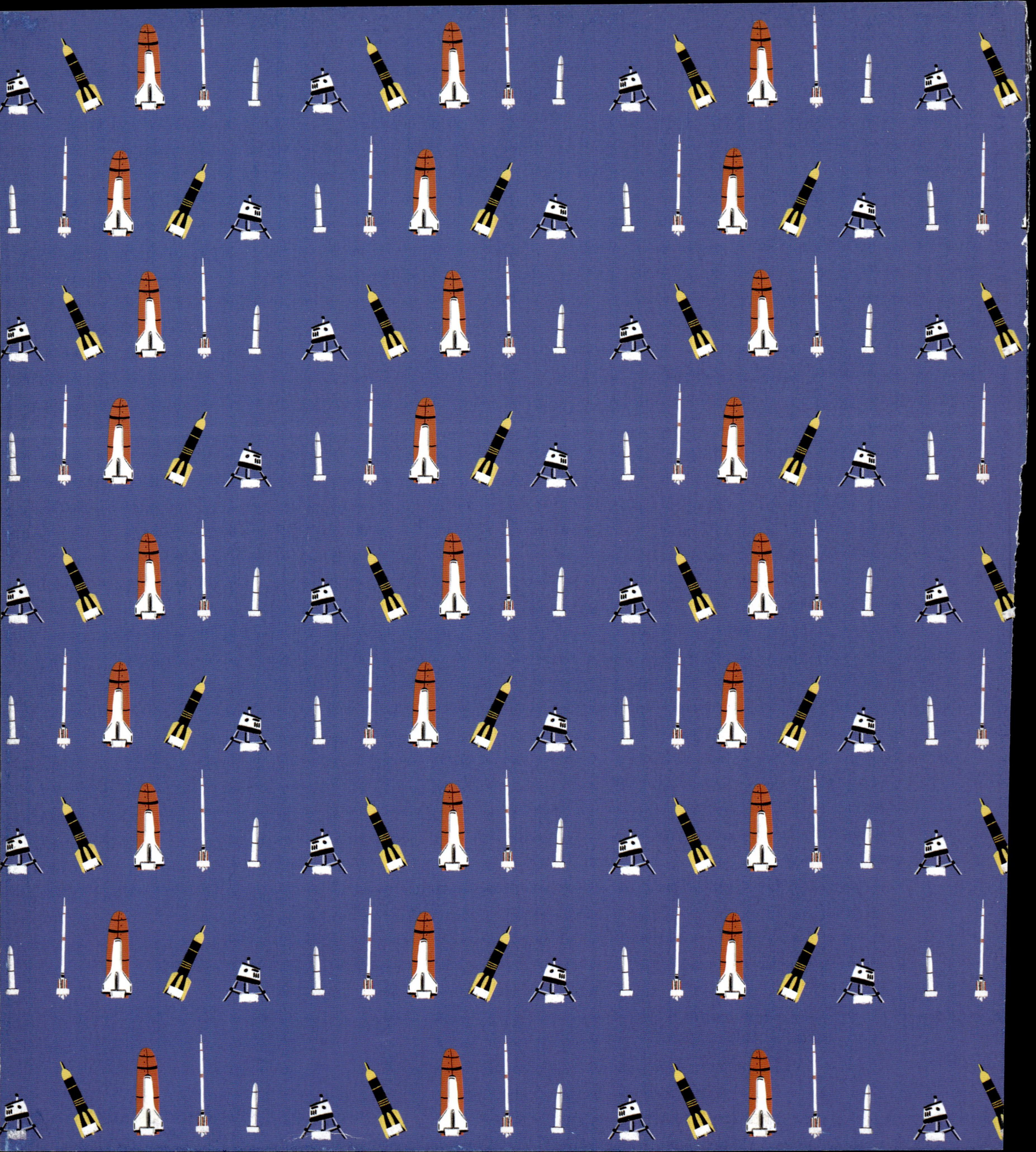